农产品全产业链质量安全风险管控丛书

泰和乌鸡全产业链质量安全风险管控手册

张大文　袁丽娟　主编

中国农业出版社

北　京

图书在版编目（CIP）数据

泰和乌鸡全产业链质量安全风险管控手册 / 张大文，袁丽娟主编．—北京：中国农业出版社，2023.10
（农产品全产业链质量安全风险管控丛书）
ISBN 978-7-109-31176-3

Ⅰ．①泰… Ⅱ．①张… ②袁… Ⅲ．①乌鸡－饲养管理－产业链－质量管理－安全管理－泰和县－手册 Ⅳ．①S831.8-62

中国国家版本馆CIP数据核字（2023）第189771号

中国农业出版社出版
地址：北京市朝阳区麦子店街18号楼
邮编：100125
责任编辑：郭 利
版式设计：杨 婧　责任校对：吴丽婷　责任印制：王 宏
印刷：北京缤索印刷有限公司
版次：2023年10月第1版
印次：2023年10月北京第1次印刷
发行：新华书店北京发行所
开本：787mm×1092mm　1/24
印张：$3\frac{2}{3}$
字数：45千字
定价：40.00元

编 辑 委 员 会

前　言

　　泰和乌鸡原产于我国江西省泰和县武山北麓，根据产地又称武山鸡，因具有丛冠、缨头、蓝耳、胡须、丝毛、毛脚、五爪、乌皮、乌肉、乌骨十大特征以及极高的营养价值和药用价值而闻名世界，是泰和县这方水土孕育的神奇瑰宝，距今有2 200多年的历史。泰和乌鸡集药用、滋补、保健、观赏价值于一体。泰和乌鸡的药用价值备受历代医药家推崇，多次记载于医学经典著述中，如李时珍著《本草纲目》、马王堆出土的《五十二病方》及近代《药用动物志》中均有其药效论述。泰和乌鸡拥有首批国家级畜禽保护品种、全国首例活体原产地域保护产品、中国农产品地理标志产品、中国地理标志产品、江西省著名商标等多块"金字招牌"，2017年入选全国100个（排名第59）"2017最受消费者喜爱的中国农产品区域公用品牌"。

泰和乌鸡已成为江西省泰和县的重要产业之一，近年来取得了长足的发展，在脱贫攻坚和乡村振兴中均发挥了积极作用。据统计，2021年泰和乌鸡出栏量达到325万羽，占泰和县家禽出栏总量的99.34%，泰和乌鸡蛋产量3 800万枚，泰和乌鸡全产业链产值达27亿元，并形成了集养殖、加工、销售为一体的完整产业链。泰和县现有泰和乌鸡养殖、加工、电商等企业110多家，其中国家级资源保种场1家、一级扩繁场2家、规模化养殖场18家、家庭农场43个、泰和乌鸡专业合作社7个，以及养殖大户140户，从业人员3 600余人。

近年来，虽然泰和乌鸡饲养水平、标准化程度等不断提升，但是因泰和乌鸡拥有特有的黑色素物质，其对某些药物代谢缓慢，导致药物残留风险较高；此外，泰和乌鸡养殖周期长，并以林下散养为主，存在疾病防控压力较大、野外投喂饲料霉变等突出问题，以及大部分养殖户对泰和乌鸡标准化养殖生产及安全控制不够理解的问题，从而影响泰和乌鸡产品质量安全水平。

为了提升泰和乌鸡产品质量安全水平，近年来，在农业农村部畜禽产品质量安全风险评估重大专项、江西省科技厅主要学术学科带头人项目、农业农村部肉鸡全产业链标准体系构建、江西省农业科学院领军人才项目、江西省农业农村厅地理标志保护工程项目、吉安市重大科技专项等的资助下，我们立足泰和乌鸡全产业链安全生产，通过大量排查、评估、评价，科学分析泰和乌鸡全产业链风险隐患，针对性开展关键技术研究，集成泰和乌鸡全产业链安全生产管控技术，提出管控策略，并编写《泰和乌鸡全产业链质量安全风险管控手册》，企望能够帮助生产者有效掌握泰和乌鸡产品质量安全风险管控技术，为泰和乌鸡产业发展提供技术支撑。本书图文并茂，突出重点，力求内容科学实用、通俗易懂，可供广大泰和乌鸡养殖户和科技工作者参考使用。

本书在编写过程中，汲取了同行专家的研究成果，参考了国内外相关文献和数据，在此一并表示感谢。由于编者水平有限，疏漏与不足之处在所难免，敬请广大读者批评指正。

编　者

2023 年 3 月

目　　录

一、认识泰和乌鸡

　　泰和乌鸡属鸟纲鸡形目雉科鸡属，是江西省吉安市泰和县特产，我国特有的禽类种质资源，中国国家地理标志产品。因其原产于江西省泰和县而得名；又因其通体白羽得名白绒鸡、丝羽鸡、丝羽乌鸡。

　　泰和乌鸡是具有特殊种质性状和经济价值的品种资源，是药、肉、蛋、观赏兼用型多用途鸡种。

（一）泰和乌鸡的十大特征

泰和乌鸡性情温顺，体躯短矮，头长且小，颈短，具有独特的外貌特征，极易与其他品种区别。泰和乌鸡民间"十全十美"之说，是指泰和乌鸡的十大特征：①丛冠，②缨头，③蓝耳，④丝毛，⑤毛脚，⑥乌肉，⑦乌骨，⑧乌皮，⑨五爪，⑩胡须。

泰和乌鸡十大特征
原产地地理标志保护产品

世界 珍禽

①丛冠　②缨头　③蓝耳
⑩胡须　　　　　④丝毛
⑨五爪　　　　　⑤毛脚
⑧乌皮　⑦乌骨　⑥乌肉

丛冠
素有凤冠之称，母鸡冠小如桑葚状，公鸡冠大，冠齿丛生

蓝耳
耳呈孔雀蓝色

胡须
下颌长有较长的细毛，形似胡须

缨头
公鸡头顶有一撮白色直立的细绒毛，母鸡头部为球状细绒毛，似猫头鹰头部

丝毛
全身白色丝状绒毛

毛脚
两腿部外侧长有丛状绒羽，俗称"穿裤"

五爪
在鸡的后趾基部发叉多生一趾，又称"龙爪"

乌皮
全身皮肤、眼、嘴、爪均为黑色

乌骨
骨质及骨髓为浅黑色，骨表层的骨膜为黑色

乌肉
全身肌肉、内脏及腹内脂肪均呈黑色，胸肌和腿肌为浅黑色

（二）泰和乌鸡的观赏价值

泰和乌鸡以美丽的外貌、丰富的营养、特殊的药效驰名中外，为我国古代著名鸡种之一，在清乾隆年间被列为皇家贡品。1915年，泰和乌鸡在巴拿马国际贸易博览会上被定为"世界观赏鸡"而名扬全球；1974年，被列为国际标准品种；又曾于1988年在日本名古屋召开的第18届世界家禽会议暨博览会上展出，其形体优美，羽毛洁白如絮，博得观众的赞赏。

二、泰和乌鸡质量安全隐患

影响泰和乌鸡质量安全的潜在风险隐患包括兽药残留、农药残留，以及重金属、持久性有机污染物、有害微生物等污染问题。

（一）兽药残留

泰和乌鸡肉中的兽药残留主要是由兽药超量、超期或超范围使用，饲料中违规添加抗生素造成的。

泰和乌鸡肉中检出的兽药残留种类有磺胺类、喹诺酮类、四环素类、氨基糖苷类、酰胺醇类、氯霉素类、硝基咪唑类、抗病毒类和驱虫类药物等。

（二）农药残留

泰和乌鸡肉中的农药残留主要来源于含有农药残留的饲料，鸡采食后继续残留在其脂肪组织、肌肉组织、其他组织中。

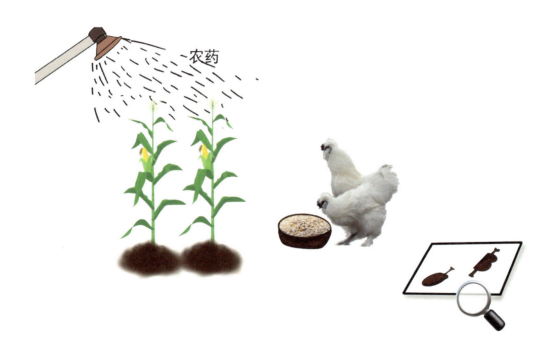

农药

（三）重金属污染

泰和乌鸡肉中的重金属污染是由泰和乌鸡经饲料、饮水、空气及其他接触方式摄入而蓄积，主要是饲料或饮水导致。泰和乌鸡肉中常见有害元素有镉（Cd）、砷（As）、铅（Pb）和汞（Hg）等。

（四）持久性有机污染物污染

　　鸡肉中持久性有机污染物（POPs）污染可由人为因素或环境因素引起。人为因素包括早期使用的氯丹、七氯、滴滴涕、毒杀芬等农药在土地中有相当量的残留。环境因素如工业"三废"不合理排放引起的大气、水体、土壤及动植物的污染；城市和工业垃圾焚烧等导致的二噁英污染。

（五）有害微生物污染

　　鸡肉产品中对人体健康危害较大的致病菌主要有弯曲杆菌、沙门氏菌、致病性大肠杆菌、金黄色葡萄球菌、李斯特菌等细菌。

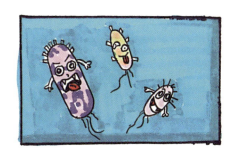

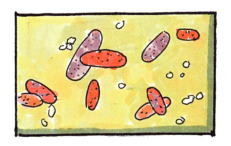

三、泰和乌鸡安全养殖关键控制点及要求

合理的鸡场场址、布局和建设可形成立体、综合、安全有效的防疫体系，从而保障鸡群健康和发挥其最大的生产性能，使产品质量达到较高的水平。

（一）场址选择

地理条件

鸡场应建在地势平坦高燥、背风向阳、通风良好、水源充足、水质良好、供电稳定和交通便利处。场区应满足环境保护和动物防疫要求。场区距铁路、高速公路、交通干线不少于1 000m，距一般道路不少于500m，距其他畜禽养殖场及畜禽屠宰加工、兽医机构不少于2 000m。远离居民区、公共建筑群或市场交易地，并应位于居民区或公共建筑群常年主导风向的下风向处。

交通条件

交通便利，靠近消费地及饲料来源地。

鸡场

饲料厂

居民区

兽医机构

交通干线

屠宰场

（二）鸡场功能区布局

生活区、办公区、生产区、隔离区要分开。生活区与办公区包括宿舍、食堂、浴室、会议室、办公室、值班室、监控室等。

生产区包括鸡舍和生产辅助建筑物。生产区内雏鸡、成年鸡需分开饲养，辅助建筑物如饲料房、屠宰加工车间等需分开。

隔离区包括兽医室和隔离室，主要用来治疗和处理病死鸡。隔离区内还应设有粪污处理设施，用于无害化处理和资源化利用。

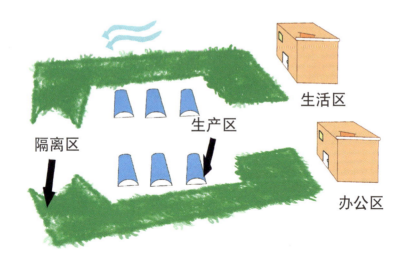

（三）鸡场设施设备

　　规模化泰和乌鸡养殖场需专业化设计和布局，配有鸡笼及饲喂、饮水、清粪、光照、降温、供暖等设备。配套设施有供水、供电、排水、监控系统及库房等。

1.养殖场及生产区入口

应配备消毒池和自动喷雾设备，同时配备人员进出专用通道，以满足进出人员和运输工具消毒。

2. 鸡舍

保持良好的鸡舍内环境，可减少环境中的致病因素，增强鸡群自身免疫功能，减少疫病发生，减少用药，实现泰和乌鸡安全生产。

　　鸡舍内环境质量受多种外界因素影响，包括鸡舍类型、建筑结构、饲料传送系统、饮水系统以及鸡舍的通风、加热、降温等因素。

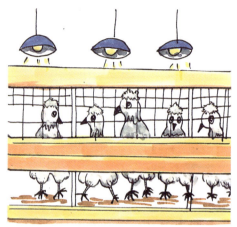

（1）鸡舍面积应与饲养规模相适应，地面需防潮、平坦，易于清洗、消毒。墙壁要求隔热性能好，能防御风雨侵袭，房顶可用单坡式或双坡式。应具备良好的防鼠、防虫、防野生动物或宠物进入设施的功能。

（2）鸡笼分育雏笼、育成笼。育雏笼有层叠式、阶梯式、平面网上育雏笼；常用的育成笼为阶梯式鸡笼。

　　（3）饲喂设备有料桶、喂料车、链板式饲喂机、斗式供料车和行车式供料车。链板式饲喂机适用于阶梯式鸡笼，斗式供料车和行车式供料车多用于多层鸡笼和层叠式鸡笼。

（4）饮水设备。雏鸡饮水器有乳头式饮水器、鸭式饮水器。成鸡饮水采用乳头式饮水器。饮水装置一般置于鸡笼前上方，通过挤压出水。

（5）清粪设备。有刮板式清粪机、传送带式清粪机等。

（6）光照设备。开放式鸡舍采用自然光照和人工补光相结合的方式控制光照强度；密闭式鸡舍采用人工光照。

（7）通风设备。开放式鸡舍一般以自然通风为主，辅以排风扇等机械通风设施，如排风扇侧墙通风和过道通风；密闭式鸡舍采用负压通风。

（8）降温设备。常用的降温设备主要有湿帘－风机系统和屋顶喷淋降温系统。

（四）雏鸡引进

（1）鸡苗应来源于具有"种畜禽生产经营许可证"的泰和乌鸡种鸡生产企业，且符合泰和乌鸡品种标准。

（2）购入的泰和乌鸡苗须经产地动物防疫检疫部门检疫并附有检疫合格证明，不得从疫区引进。

（3）鸡苗应来自相同日龄的健康种鸡群，种鸡无鸡白痢、新城疫、禽流感、支原体病、禽结核病、白血病等疾病。

（4）运输工具运输前应经过彻底清洗和消毒。

（五）鸡群分期管理和饲养

空舍期管理

（1）泰和乌鸡淘汰结束到下一次进鸡间隔期为45d以上。

（2）在鸡舍内做好地面、墙壁、设备等的清扫、冲洗、消毒工作。任何消毒（包括甲醛熏蒸消毒在内）都要到达屋顶。

（3）污区清理干净后，撒生石灰，并禁止人员进入。

（4）鸡舍内干燥期大于10d。

（5）保证鸡舍两边5m范围内无杂草。

（6）鸡舍周围铺撒生石灰消毒。

（7）鸡舍周边均设定灭鼠点，投药灭鼠，至少持续7d以上。

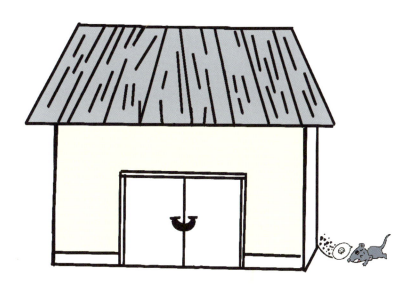

雏鸡饲养管理（0～4周）

（1）进鸡苗前24h预热试温，要求育雏舍室内温度达到33～35℃，相对湿度60%～70%。

（2）保持合理的饲养密度，0～14日龄地面平养为40～50羽/m²，笼养为45～55羽/m²。

（3）雏鸡出壳后宜在24h内初饮，饮用5%的葡萄糖水，水量控制在2h饮完为宜，并确保所有雏鸡都饮到水。

（4）初饮2～4h后或待80%以上雏鸡有强烈采食欲时开食，开食点要多，少量多次，以保证所有雏鸡能同时吃到雏鸡料。

（5）育雏温度（鸡背高度处）第一周33～35℃，第二周30～33℃，以后每周降2～3℃，降至20～22℃后保持稳定。

（6）第一周相对湿度保持在60%～70%，1周后保持在55%～60%。

（7）光照时间0 ～ 1周龄24 ～ 23.5h，2 ～ 6周龄23 ～ 18.5h，以后逐渐缩短到8 ～ 9h，一直到出栏。

（8）光照度第一周龄10 ～ 15lx，第二周龄至出栏3.8 ～ 6.5lx。灯泡距地面2m，灯距3m，灯与墙的距离1m。笼养灯泡设置在两列笼间的走道上方，灯头上设置灯罩，以暖色光源为宜。

中鸡饲养管理（5～8周）

（1）在28～35日龄由雏鸡舍转栏至中鸡舍时进行大小分群，分群前控料不控水，将最大和最小的鸡挑选出来，放在单独的围栏内饲养，并根据鸡群体重的大小调整喂料量。

（2）转群前一周对转入鸡舍与设备进行彻底清扫、冲洗、消毒。

（3）转群前2～3d在饮水中添加电解多维。转群前2h应停料，水槽和料槽分布均匀，高度与鸡背同高，保证鸡群顺利地采食和饮水。

（4）在清晨或晚间进行转群，平稳过渡，勤于观察，减少应激。

（5）保持合理的饲养密度，35～42日龄地面平养为20～25羽/m²，笼养为25～30羽/m²。

（6）注意雏鸡料、中鸡料逐渐转换，5周龄泰和乌鸡体重为248g±22g，饲料用量为每天每羽22g。

大鸡饲养管理（9周至出栏）

（1）宜在清晨或晚间进行转群，转入舍与原鸡舍的温湿度、光照时间、饲喂次数、饲料成分等应尽量保持一致，若需变换应逐渐过渡。

（2）大鸡饲养密度地面平养为10～15羽/m^2，笼养为15～20羽/m^2。

（3）注意中鸡料、大鸡料逐渐转换，9周龄泰和乌鸡体重485g±42g，饲料用量为每天每羽32g。

（4）选用适宜消毒剂带鸡消毒，每2周喷雾消毒一次，注意选用不同种类的消毒药交替使用。

（六）饲料和饲料添加剂

（1）购买具有生产经营许可证企业生产的、质量合格的饲料和饲料添加剂。

（2）自制饲料所用原料和饲料添加剂应符合国家饲料主管部门颁布的《饲料原料目录》和《饲料添加剂品种目录》。

（3）所使用饲料药物添加剂应符合农业农村部《饲料药物添加剂使用规范》，且应严格执行休药期规定。

（4）饲料和饲料原料应无霉变、变质、结块、虫蛀等现象，无异味、异臭、异物等。

（5）不应使用过期、变质的饲料和饲料添加剂。

（七）饮用水

（1）饮用水应取自无污染的水源，水质应符合《无公害食品畜禽饮用水水质》（NY 5027—2008）标准要求。

（2）定期检测饮用水水质。

（3）定期对饮水设施设备进行清洗、消毒，保持清洁卫生。

（八）兽药

（1）不应使用农业农村部公告中规定的禁止在养殖过程中使用的药物。

（2）兽药产品应购自取得"兽药经营许可证"的供应商。不应购买国家禁止使用的药物产品。

（3）使用的兽药应严格遵守《中华人民共和国兽药典》《中华人民共和国兽药规范》《兽药质量标准》《进口兽药质量标准》《兽药管理条例》规定的作用与用途、使用剂量、疗程和注意事项，且在执业兽医指导下进行使用。

（4）不应使用储存不当的变质兽药和过期兽药，不应使用人用药品和假、劣兽药。

（5）不应将原料药直接添加至饲料及动物饮用水中或直接饲喂泰和乌鸡。

（6）设置兽药室或固定区域保存兽药，并定期清洗消毒，保持清洁卫生。

（九）常见病用药建议

泰和乌鸡商品肉鸡常见病用药建议表

常见疾病	药物名称	规格	用法与用量	休药期	注意事项
沙门氏菌病	硫酸新霉素可溶性粉	100g：5g（500万U）	混饮：每升水1～1.5g，连用3～5d	5d	/
	阿莫西林可溶性粉	10%	内服：一次量，每千克体重0.2～0.3g，一天2次，连用5d 混饮：每升水0.6g，连用3－5d	7d	现配现用
	硫酸安普霉素可溶性粉	100g：10g（1 000万U）	混饮：每升水2.5～5g，连用5d	7d	饮水给药必须当天配制
	盐酸多西环素片	10mg	内服：一次量，每千克体重1.5～2.5片，一天1次，连用3～5d	28d	内服后可引起呕吐
	氨苄西林钠可溶性粉	10%	混饮：每升水600mg，自由饮用	7d	/
	四黄止痢颗粒	/	混饮：每升水0.5～1g，自由饮用	/	/

（续）

常见疾病	药物名称	规格	用法与用量	休药期	注意事项
大肠杆菌病	硫酸新霉素可溶性粉	100g : 5g（500万U）	混饮：每升水1～1.5g，连用3～5d	5d	/
	四黄止痢颗粒	/	混饮：每升水0.5～1g，自由饮用	/	/
	盐酸多西环素可溶性粉	10%	混饮：每升水3g，连用3～5d	28d	避免与含钙量较高的饲料同时服用
	盐酸大观霉素盐酸林可霉素可溶性粉	100g : 大观霉素10g与林可霉素5g（按$C_{18}H_{34}N_2O_6S$计）	混饮：每升水5～7日龄雏鸡2～3.2g，连用3～5d	/	仅用于5～7日龄雏鸡
	盐酸大观霉素可溶性粉	100g : 50g（5 000万U，按$C_{14}H_{24}N_2O_7$计）	混饮：每升水1～2g，连用3～5d	5d	/

（续）

常见疾病	药物名称	规格	用法与用量	休药期	注意事项
巴氏杆菌病（禽霍乱）	硫酸新霉素可溶性粉	100g∶5g（500万U）	混饮：每升水1～1.5g，连用3～5d	5d	/
	氟苯尼考可溶性粉	5%	混饮：每升水2～4g，连用3～5d	10d	疫苗接种期间禁用
	盐酸大观霉素盐酸林可霉素可溶性粉	100g∶大观霉素10g与林可霉素5g（按$C_{18}H_{34}N_2O_6S$计）	混饮：每升水5～7日龄雏鸡2～3.2g，连用3～5d	/	仅用于5～7日龄雏鸡
	盐酸多西环素可溶性粉	10%	混饮：每升水3g，连用3～5d	28d	避免与含钙量较高的饲料同时服用
	氨苄西林钠可溶性粉	10%	混饮：每升水600mg，自由饮用	7d	/
绿脓杆菌病	硫酸庆大霉素可溶性粉	100g∶5g（500万U）	混饮：每升水2g，连用3～5d	28d	与头孢菌素合用可能使肾毒性增强

（续）

常见疾病	药物名称	规格	用法与用量	休药期	注意事项
葡萄球菌病	氨苄西林钠可溶性粉	10%	混饮：每升水600mg，自由饮用	7d	/
	单硫酸卡那霉素可溶性粉	100g : 12g（1 200万U）	混饮：每升水0.5～1.0g，连用3～5d	28d	本品与氨基糖苷类其他药物存在交叉耐药
	硫酸庆大霉素可溶性粉	100g : 5g（500万U）	混饮：每升水2g，连用3～5d	28d	与头孢菌素合用可能使肾毒性增强
支原体病（慢性呼吸道病）	延胡索酸泰妙菌素可溶性粉	10%	混饮：每升水1.25～2.5g，连用3d	5d	禁止与莫能菌素、盐霉素、甲基盐霉素等聚醚类抗生素合用；使用者避免药物与眼及皮肤接触
	盐酸多西环素可溶性粉	10%	混饮：每升水3g，连用3～5d	28d	避免与含钙量较高的饲料同时服用
	盐酸林可霉素可溶性粉	10%	混饮：每升水1.5g，连用5～10d	5d	/
	酒石酸泰万菌素可溶性粉	25g（2 500万U）/袋	混饮：每升水200～300mg，连用3～5d	5d	不宜与青霉素类联合应用

（续）

常见疾病	药物名称	规格	用法与用量	休药期	注意事项
球虫病	磺胺喹噁啉钠可溶性粉	10%	混饮：每升水 3～5g	10d	连续饮用不得超过5d
	磺胺氯吡嗪钠可溶性粉	10%	混饮：每升水 3g，连用 3d；混饲：每千克饲料 6g，连用 3d	1d	饮水给药连续饮用不得超过5d；不得在饲料中长期添加使用
	地克珠利溶液	0.5%	混饮：每升水 0.1～0.2mL	5d	现配现用；本品药效期短，停药2d后作用基本消失；轮换用药不宜应用同类药物
	地克珠利颗粒	100g：1g	混饮：每升水 0.17～0.34g	5d	本品药效期短，停药1d，抗球虫作用明显减弱，停药2d后作用基本消失，必须连续用药以防球虫病再度暴发；长期使用易出现耐药性
	磺胺间甲氧嘧啶钠可溶性粉	30%	混饮：每升水 0.83～1.67g，连用 3～5d	28d	长期使用可损害肾脏，建议与等量碳酸氢钠同服

（续）

常见疾病	药物名称	规格	用法与用量	休药期	注意事项
鸡住白细胞原虫病	磺胺间甲氧嘧啶钠可溶性粉	30%	混饮：每升水0.83 ~ 1.67g，连用3 ~ 5d	28d	长期使用可损害肾脏，建议与等量碳酸氢钠同服
组织滴虫病	地美硝唑预混剂	20%	混饲：每千克饲料0.4 ~ 2.5g	28d	不能与其他抗组织滴虫药联合使用；连续用药不得超过10d
鸡蛔虫病	盐酸左旋咪唑片	0.025g	内服：每次每千克体重0.025g	28d	/
	芬苯达唑片	0.025g	内服：每次每千克体重0.01 ~ 0.05g	28d	长期应用可引起耐药虫株
鸡绦虫病	芬苯达唑颗粒	3%	内服：一次量，每千克体重0.33 ~ 1.67g	28d	/

（续）

常见疾病	药物名称	规格	用法与用量	休药期	注意事项
鸡虱、螨	氰戊菊酯溶液	5%	喷雾，加水按 1∶（250～500）稀释	28d	①配制溶液时，水温以12℃为宜，如水温超过25℃会降低药效，水温超过50℃时则失效 ②避免使用碱性水，并忌与碱性药物合用，以防药液分解失效 ③本品对蜜蜂、鱼虾、家蚕毒性较强。使用时不要污染河流、池塘、桑园、养蜂场所

注：1.表中数据来源于《中华人民共和国兽药典（2020版）》和《中华人民共和国兽药质量标准（2017版）》。2.在具体使用每一种兽药时，应严格执行兽药产品说明书的规定、严格执行国家法律法规和政策中新出台的休药期及其他相关规定，确保用药安全。

（十）疫病防控

清洁和消毒

（1）每天清扫鸡舍，保持笼具、料槽、水槽、用具、照明灯泡及舍内其他配套设施的清洁，保持舍内洁净。

（2）定期对地面、料槽、水槽等饲喂工具进行消毒，定期对鸡舍内空气进行喷雾消毒，定期对场区内道路、场周围及场内污水池、下水道等进行消毒。

（3）鸡群转舍、售出后，应对空舍笼具和用品进行清扫、冲洗，并进行全面喷洒消毒。封闭式鸡舍应在全面清洗后，关闭门窗进行熏蒸消毒。鸡淘汰完毕到再进鸡间隔要大于45d。

（4）运输车辆应保持清洁，定期轮换使用消毒剂对运输车进行消毒。

免疫接种

（1）鸡场应根据本地区疫病发生情况、疫苗性质和其他相关情况制订适合本场的免疫程序。

（2）疫苗需购自农业农村部批准的兽药生物制品生产企业，使用和储存需按照冷链运输要求执行。

（3）定期对免疫动物进行抗体水平监测，及时进行强化免疫。对于高致病性禽流感H5和H7亚型必须按照程序对鸡群进行强制免疫。

疫病控制和扑灭

　　原则是"早、快、严、小"。"早"即及早发现和及时报告动物疫情；"快"即迅速采取各项措施，防止疫情扩散；"严"即严格执行疫区内各项严厉的处置措施，在限期内扑灭疫情；"小"即把动物疫情控制在最小范围之内，使动物疫情造成的损失降到最低程度。

（十一）无害化处理

病死鸡

应及时清理病死鸡，并进行无害化处理。

废弃物

（1）专设防雨、防渗漏、防溢流的鸡粪储存场所，鸡粪应经发酵或无害化等处理。废水排放需符合相关标准。

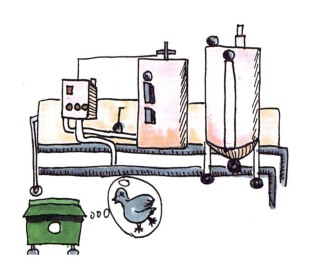

（2）定期整理过期、变质产品和兽药及其包装，按照国家法律法规相关规定进行安全处理。

（3）保持场区整洁，垃圾及时收集、清运。

不合格产品

对残留超标或卫生指标不合格的鸡只进行无害化处理。

（十二）泰和乌鸡屠宰、包装、储藏、运输

屠　宰

（1）待宰鸡只必须为健康活鸡，并附有产地动物卫生监督机构出具的《动物检疫合格证明》。

（2）宰前应停饲静养，禁食时间应控制在6～12h，保证饮水。

（3）经检疫检验发现的患有传染性疾病、寄生虫病、中毒性疾病或有害物质残留的泰和乌鸡及其组织，应使用专门的封闭不漏水的容器装载并用

专用车辆及时运送至无害化处理点，在官方兽医监督下进行无害化处理。对于患有可疑疫病的应按照有关检疫检验规程操作，确认后按照无害化处理要求进行处理。

（4）企业应制订相应的防护措施，防止无害化处理过程中造成的人员伤害，以及产品交叉污染和环境污染。

包装

（1）包装材料应符合卫生标准，不得含有有毒有害物质，不应改变乌鸡相关产品应有的感官特性。

（2）泰和乌鸡产品的包装材料不得重复使用，除非包装材料是用易清洗、耐腐蚀的材料制成的，并且在使用前经过清洗和消毒。

（3）内、外包装材料应专库分别存放，包装物料库应干燥、通风，保持清洁卫生。

泰和乌鸡产品储藏

（1）泰和乌鸡产品储存库的温度设置分别为：预冷间0 ~ 4℃、冻结间 −23℃、冷藏间 −18℃以下。

（2）储存库内应保持清洁、整齐、通风，具备防霉、防鼠、防虫设施。

（3）应对储存库的温度进行监控，必要时配备湿度计；温度计和湿度计应定期校准。

（4）储存库内成品与墙壁应有适宜的距离，不应直接接触地面，与天花板保持一定的距离，应按不同种类、批次分垛存放，并加以标识。

（5）储存库内不应存放有碍卫生的物品，同一库内不应存放可能造成相互污染或者串味的产品。储存库应定期消毒。

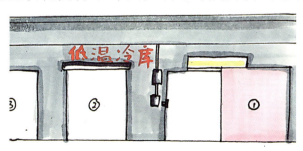

泰和乌鸡产品运输

（1）泰和乌鸡产品运输应使用专用的运输工具，不应运输畜禽及应无害化处理的畜禽产品或其他可能污染肉类的物品。

（2）避免包装肉与裸装肉同车运输，如无法避免，应采取物理性隔离防护措施。

（3）运输工具应配备制冷、保温等设施。运输过程中应保持适宜的温度。

（4）运输工具应及时清洗消毒，保持清洁卫生。

（十三）人员管理

（1）工作人员上岗前需进行培训，内容包括泰和乌鸡饲养管理、兽药安全使用、饲料配方和使用、场所和设备的清洁消毒、生物安全和防疫以及无害化处理等。

（2）饲养人员应严格按照要求消毒并更换场区工作服和工作鞋后方可进入饲养区。工作服和工作鞋应保持清洁，并定期清洗、消毒。

（3）外来人员经许可，严格按照要求消毒后方可进入。

（4）禁止外来人员携带其他家禽和宠物，以及鸟、鼠等进入生产区。

（十四）管理记录

　　鸡场日常管理记录包括人员进出记录、雏鸡引进记录、饲料及饲料添加剂使用记录、防疫监测记录、生产记录、兽药使用记录、消毒记录、免疫记录、诊疗记录、无害化处理记录、运输流通记录、销售记录等。记录应保存两年以上。

四、产品质量追溯

　　鼓励使用二维码等现代信息技术和网络技术，建立产品追溯信息体系，将泰和乌鸡生产、运输流通、销售等各节点信息互联互通，实现泰和乌鸡产品从生产到餐桌的全程质量管控。

五、产品检验

检验要求

泰和乌鸡应定期进行质量安全检验，有资质的单位可自行检验或委托其他有资质的单位检验，无检验资质的单位需委托具有资质的单位检验。检验合格后方可上市销售。

检验报告至少保存两年。

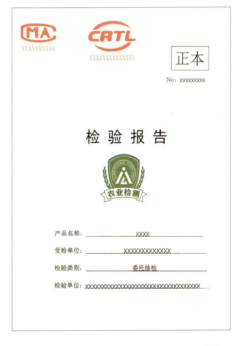

合格证

上市销售泰和乌鸡时，相关企业、合作社、家庭农场等规模生产主体应出具承诺达标合格证。

承诺达标合格证

我承诺对生产销售的食用农产品：
- ☑ 不使用禁用农药兽药、停用兽药和非法添加物
- ☑ 常规农药兽药残留不超标
- ☑ 对承诺的真实性负责

承诺依据：
- ☐ 委托检测
- ☐ 自我检测
- ☐ 内部质量控制
- ☑ 自我承诺

产品名称：xx
重量（数量）：xxx
产地：xxxxxxxxx
生产者：xxxxxxxxxxxxxxxx
开具人：xxxxxxxxxxxxxxxx
联系方式：xxxxxxxxx
开具日期：xxxx-xx-xx

采购商使用"合规宝合格证"小程序的扫码索证功能扫描二维码即可索证索票，获取供应商资质证照和检测报告。各级经销商均可独立打印出具专属电子或标签合格证。

xxxxxxxx

承诺达标合格证

我承诺对生产销售的食用农产品：
- ■ 不使用禁限用农兽药、停用兽药和非法添加物
- ■ 常规农药兽药残留不超标
- ■ 对承诺的真实性负责

承诺依据：
- ☐ 委托检测 ☐ 自我检测
- ■ 自我承诺 ■ 内部质量控制

产品名称： XXXX
重（数）量： XXKG
产地： 江西省/XX市/XX县
生产者： XXXXXXXXX
开具人： XXXXXXXXX
联系方式： XXXXXXXXX
开具日期： XX-XX-XX
NO. XXXXXXXXXXXXXXXXXXXXX

采购商请扫码索证索票，获取产品数据，建立追溯链条

六、产品认证

绿色食品

　　绿色食品是指产自优良生态环境、按照绿色食品标准生产、实行全程质量控制并获得绿色食品标志使用权的安全、优质食用农产品及相关产品。

有机食品

　　有机食品也叫生态或生物食品等。有机食品是国际上对无污染天然食品比较统一的提法。有机食品通常来自有机农业生产体系，根据国际有机农业生产要求和相应的标准生产加工。

农产品地理标志

　　农产品地理标志是指标示农产品来源于特定地域，产品品质和相关特征主要取决于自然生态环境和历史人文因素，并以地域名称冠名的特有农产品标志。

全国名特优新农产品

全国名特优新农产品，是指在特定区域（原则上以县域为单元）内生产、具备一定生产规模和商品量、具有显著地域特征和独特营养品质特色、有稳定的供应量和消费市场、公众认知度和美誉度高并经农业农村部农产品质量安全中心登录公告和核发证书的农产品。

七、技术更新

（一）参加培训

参加各级政府部门或单位组织的泰和乌鸡养殖技术培训，并就生产中遇到的难题和专家进行沟通与交流。也可自行邀请专家来养殖基地集中培训或现场指导，以提高泰和乌鸡养殖水平和质量安全意识。

（二）知识更新

从科研院所或农业部门等单位获取泰和乌鸡全产业链质量安全管控技术等新技术资料，并在基地组织实施，以提高泰和乌鸡养殖标准化水平。

（三）参观学习

参观具有先进泰和乌鸡养殖技术和综合管理水平高的泰和乌鸡养殖基地，互相交流与学习，取长补短，进一步提高泰和乌鸡养殖水平和质量安全意识。

附　　录

附录1　鸡场卫生与消毒

科学消毒，减少或杀灭养殖环境中的病原体，使其数量和浓度减少到无害程度，防止鸡群发病或疫病蔓延。

1. 消毒方法

①物理消毒法：利用阳光、紫外线、火焰及高温等手段杀灭病原体。

②化学消毒法：利用各种化学消毒药剂杀灭病原体，包括浸泡、喷洒、熏蒸等。

③生物消毒法：利用微生物发酵的方法杀灭病原体，主要针对粪便和垫料。

2. 常用消毒剂

消毒剂种类繁多，按其性质可分为醇类、酸类、碱类、卤素类、酚类、氧化剂类、挥发性烷化剂类等，以下为常用的消毒剂。

①氢氧化钠（又称苛性钠、烧碱或火碱）：碱类消毒剂，粗制品为白色不透明固体，有块、片、粒、棒等形状，溶液状态的俗称液碱。主要用于场地、栏舍等的消毒。2%～4%的溶液可杀死病毒和繁殖型细菌，4%的溶液45min可杀死芽孢，30%的溶液10min可杀死芽孢，若加入10%的食盐能增强杀芽孢的能力。实践中常以2%的溶液进行消毒，消毒1～2h后，用清水冲洗干净。

②石灰（生石灰）：碱类消毒剂，主要成分是氧化钙，加水即成氢氧化钙，俗名熟石灰或消石灰，具有强碱性，但水溶性小，解离出来的氢氧根离子不多，消毒作用不强。1%的石灰水杀死一般的繁殖型细菌要数小时，3%的石灰水杀死沙门氏菌要1h，对芽孢和结核菌无效，其最大的特点是价廉易得。实践中，20份石灰加80份水制成石灰乳，用于涂刷墙体、栏舍、地面等，也可直接加石灰于被消毒的液体中，或撒在阴湿地面、粪池周围及污水沟等处消毒。

③漂白粉：卤素类消毒剂，灰白色粉末状，有氯臭，难溶于水，易吸潮分解，宜在密闭、干燥处储存。杀菌作用快而强，价廉而有效，广泛应用于栏舍、地面、粪池、排泄物、车辆、饮水等消毒。饮水消毒可在1 000kg河水或井水中加6～10g漂白粉，

10 ～ 30min后即可饮用；地面和路面可撒干粉再洒水；粪便和污水可按1 ：5的用量，一边搅拌一边加入漂白粉。

④二氧化氯消毒剂：卤素类消毒剂，杀菌能力是氯气的3 ～ 5倍，可应用于畜禽活体、饮水、鲜活饲料消毒保鲜或栏舍空气、地面、设施等环境消毒、除臭。本品使用安全、方便，消毒、杀菌、除臭作用强，单位面积使用成本低。

⑤消毒威（二氯异氰尿酸钠）：卤素类消毒剂，使用方便，主要用于养殖场地喷洒消毒和浸泡消毒，也可用于饮水消毒，消毒作用较强，可带鸡消毒。使用时按说明书标明的消毒对象和稀释比例配制。

⑥百毒杀：双链季铵盐广谱杀菌消毒剂，无色、无味、无刺激、无腐蚀性，可带鸡消毒。配制成0.03%或相应的浓度用于鸡舍、环境、用具、种蛋、孵化室的消毒，0.01%的浓度用于饮水消毒。

⑦福尔马林：醛类消毒剂，是浓度为37% ～ 40%的甲醛水溶液，有广谱杀菌作用，对细菌、真菌、病毒和芽孢等均有效，在有机物存在的情况下也是一种良好的消毒剂，缺点是有刺激性气味。2% ～ 5%的水溶液用于喷洒墙壁、地面、

料槽及用具消毒；房舍熏蒸按每立方米空间取30mL福尔马林，置于一个较大容器内（至少10倍于药品体积），加15g高锰酸钾，消毒前关好所有门窗，密闭熏蒸12～24h，再开门窗去味。熏蒸时室温最好不低于15℃，相对湿度在70%左右。

　　⑧过氧乙酸：氧化剂类消毒剂，纯品为无色透明液体，易溶于水，是强氧化剂，有广谱杀菌作用，作用快而强，能杀死细菌、霉菌、芽孢及病毒。性质不稳定，宜现用现配。0.04%～0.2%的溶液用于耐腐蚀小件物品的浸泡消毒，时间2～120min；0.05%～0.5%或以上浓度适合喷雾，喷雾时消毒人员应戴护目镜、防护手套和医用外科口罩，喷后密闭门窗1～2h；用3%～5%的溶液加热熏蒸，每立方米空间使用2～5mL，熏蒸后密闭门窗1～2h。

3. 空舍卫生消毒

　　①清除粪便和用具：鸡出栏后，应清除垫料、鸡粪、饲养用具等一切可移动物品。

　　②清洗鸡舍：用清水将附着在墙壁、地面及顶棚的污物（尤其是鸡粪）冲洗干净。

③墙壁和地面消毒：用3%～5%氢氧化钠溶液，0.3%～0.5%过氧乙酸溶液冲洗消毒。用石灰水泼洒鸡舍1m以下的墙壁及地面。

④养鸡设备及用具的消毒：用清水冲洗料槽、水槽，再用高锰酸钾液、2%～5%的漂白粉浸泡消毒，最后用自来水清洗干净，晾干。

⑤鸡舍熏蒸消毒：用福尔马林对鸡舍熏蒸消毒（48～72h），然后开窗。空舍通风1周即可进鸡。

4.日常卫生消毒

①外来车辆消毒：鸡场大门口设外来车辆消毒通道，对外来车辆进行全面消毒。

②人员消毒：工作人员进入生产区应洗澡、更衣或喷雾消毒。

③鸡群消毒：也称带鸡消毒，主要使用喷雾器对育雏期、育成期鸡群定期消毒。

④舍内地面及墙壁消毒：定期清扫、喷雾消毒。

⑤饲料消毒：封闭式料车运料，并经常清除残剩料和进行熏蒸消毒。

⑥饮水箱、饲喂设备消毒：定期对泰和乌鸡饮用水水箱、水槽、料槽进行清洗消毒。

⑦垫料消毒：定期对垫料清扫、消毒。

⑧兽医器械及用品消毒：定期对兽医器械及用品清洗、消毒。

5.消毒剂使用注意事项

①消毒剂需保存在阴凉、干燥、避光环境下，否则会造成药物的吸潮、分解、失效。

②购买和使用消毒剂要注意外包装上的生产日期和保质期，必须在有效期内使用。

③不要把不同种类的消毒剂混在一起使用，防止相拮抗的两种成分发生反应，削弱甚至失去消毒作用。

④消毒池内的消毒剂应定期调换，以确保有效的消毒效果。

⑤免疫前后1d和当天（共3d）不喷洒消毒药，前后2～3d和当天（共5～7d）不得饮用含消毒剂的水，否则会影响免疫效果。

附录2 泰和乌鸡养殖过程中停用和建议停用兽药清单

停用和建议停用兽药清单

类型	兽药名称
停用兽药	氧氟沙星、培氟沙星、洛美沙星、诺氟沙星4种原料药的各种盐、酯及其各种制剂；喹乙醇、氨苯胂酸、洛克沙胂等3种兽药的原料药及各种制剂
建议停用兽药	环丙沙星、甲氧苄啶
主要药物建议休药期	氟苯尼考10d
	二甲氧苄啶55d
	替米考星等大环内酯类药物42d
	新霉素等氨基糖苷类药物、磺胺间甲氧嘧啶等磺胺类药物、多西环素等四环素类药物按推荐休药期执行

注：摘自中华人民共和国农业农村部网站，《中华人民共和国兽药典（2020版）》中已规定恩诺沙星禁止在乌骨鸡中使用。

附录3　食品动物中禁止使用的药品及其化合物清单

（摘自中华人民共和国农业农村部公告第250号《食品动物中禁止使用的药品及其化合物清单》）

酒石酸锑钾，β-兴奋剂类及其盐、酯，汞制剂［氯化亚汞（甘汞）、醋酸汞、硝酸亚汞、吡啶基醋酸汞］，毒杀芬（氯化烯），卡巴氧及其盐、酯，呋喃丹（克百威），氯霉素及其盐、酯，杀虫脒（克死螨），氨苯砜，硝基呋喃类（呋喃西林、呋喃妥因、呋喃它酮、呋喃唑酮、呋喃苯烯酸钠），林丹，孔雀石绿，类固醇激素［醋酸美仑孕酮、甲基睾丸酮、群勃龙（去甲雄三烯醇酮）、玉米赤霉醇］，安眠酮，硝呋烯腙，五氯酚酸钠，硝基咪唑类（洛硝达唑、替硝唑），硝基酚钠，己二烯雌酚、己烯雌酚、己烷雌酚及其盐、酯，锥虫砷胺，万古霉素及其盐、酯。

附录4　鸡饲料中允许添加的防腐剂、防霉剂和酸度调节剂

（摘自中华人民共和国农业部公告第2045号《饲料添加剂品种目录（2013）》）

甲酸、甲酸铵、甲酸钙、乙酸、双乙酸钠、丙酸、丙酸铵、丙酸钠、丙酸钙、丁酸、丁酸钠、乳酸、苯甲酸、苯甲酸钠、山梨酸、山梨酸钠、山梨酸钾、富马酸、柠檬酸、柠檬酸钾、柠檬酸钠、柠檬酸钙、酒石酸、苹果酸、磷酸、氢氧化钠、碳酸氢钠、氯化钾、碳酸钠、乙酸钙。

主 要 参 考 文 献

杜向党, 李新生, 2007. 鸡的常见病诊治图谱及用药指南[M]. 北京: 中国农业出版社.

顾小根, 陆新浩, 张存, 2011. 常见鸡病与鸽病[M]. 杭州: 浙江科学技术出版社.

国家市场监督管理总局, 中国国家标准化管理委员会, 2018. 畜禽屠宰操作规程 鸡: GB/T 19478—2018[S]. 北京: 中国标准出版社.

李锦宇, 谢家声, 2016. 鸡病防治及安全用药[M]. 北京: 化学工业出版社.

张春晖, 米思, 贾伟, 2019. 泰和乌鸡[M]. 北京: 科学出版社.

中华人民共和国国家卫生和计划生育委员会, 国家食品药品监督管理总局, 2016. 食品安全国家标准 畜禽屠宰加工卫生规范: GB 12694—2016[S]. 北京: 中国标准出版社.

中华人民共和国国家质量监督检验检疫总局, 中国国家标准化管理委员会, 2013. 良好农业规范 第6部分: 畜禽基础控制点与符合性规范: GB/T 20014. 6—2013 [S]. 北京: 中国标准出版社.

中华人民共和国农业部, 2001. 畜禽屠宰卫生检疫规范: NY 467—2001 [S]. 北京: 中国农业出版社.

中华人民共和国农业部, 2003. 畜禽场场区设计技术规范: NY/T 682—2003 [S]. 北京: 中国农业出版社.

中华人民共和国农业部，2007. 肉用家禽饲养HACCP管理技术规范：NY/T 1337—2007 [S]. 北京：中国农业出版社.

中华人民共和国农业部，2017. 畜禽养殖场消毒技术：NY/T 3075—2017 [S]. 北京：中国农业出版社.